Les opossums tout et son contraire

Écrit par Gina Gallois

Illustré par Aleksandra Bobrek

Moonflower
press

Imprimé aux États-Unis

Seconde édition, 2021

Mise en page par Melissa Bailey.
Relu et corrigé par Marilène Haroux.

LCCN: 2021916941
ISBN-13: 978-1-7345424-1-7 Paperback
ISBN-13: 978-1-954322-00-4 Hardcover
ISBN-13: 978-1-7345424-5-5 Ebook

Moonflower Press LLC
Atlanta, États-Unis

www.moonflowerpress.com

Pour ma marmaille, Ulysse et Azélie.
Jamais je ne pourrais assez remercier Fab,
et tous ceux qui ont permis à ce livre de voir le jour.

Les bébés, chez l'opossum,
GRANDISSENT vite, mais naissent très petits,
chacun de la taille d'un petit pois...
dans la poche de maman ils sont accueillis !

Le savais-tu ?

Les opossums sont des **marsupiaux**, une espèce de mammifère avec une poche ventrale. Les petits naissent au bout de seulement 13 jours de développement dans le ventre de leur maman. Ils doivent grimper pour rejoindre sa poche, téter et grandir au chaud.

Les nouveau-nés, si doux et si roses,
sont tout **nus** et leurs yeux sont fermés.
Maman est très fière de voir ses petits
s'épanouir et leur **fourrure** pousser.

Le savais-tu ?

Deux à trois semaines après la naissance, les petits opossums changent de couleur quand leurs poils commencent à pousser. Ils ouvrent les yeux à l'âge de huit à dix semaines.

La fourrure de l'opossum peut être claire ou foncée,
la plupart ont le poil tout gris,
ils ont les yeux noirs et la tête plutôt blanche,
leur queue est comme celle d'une souris.

Paroles d'opossum

Est-ce que l'opossum ressemble à d'autres animaux
que tu connais ? Lesquels ?

Leur queue longue et lisse s'agrippe bien
en encerclant des branches pour grimper.
Cette incroyable queue aide l'opossum,
un peu maladroit, à ne pas dégringoler.

Le savais-tu ?

Les opossums se servent surtout de leur **queue
préhensile** pour porter des feuilles servant de
lit bien confortable dans leur terrier. En cas de
besoin, elle peut les aider à grimper ou à éviter
une chute, mais seuls les bébés peuvent se
suspendre par la queue. Ils perdent cette capacité
en grandissant.

Les plus petits bébés vivent dans une poche.

Ils se blottissent bien au chaud dedans.

Vide auparavant, la poche **se remplit**...

Maintenant, tout le monde monte sur le dos de maman !

Le savais-tu ?

La **poche** de l'opossum femelle ressemble à une petite pochette dans son ventre. Elle peut accueillir jusqu'à 13 petits dans sa poche où ils s'accrochent à une mamelle pour allaiter. Quand ils sont trop grands pour rester dans la poche, ils doivent monter sur le dos de maman et se tenir à ses poils avec leurs longs doigts.

Paroles d'opossum

A-t-elle une poche, ta maman ? Combien d'enfants peut-elle porter à la fois sur son dos ?

Les opossums sont nocturnes.
Tu les verras rarement au **soleil**.
Ils font dodo pendant que tu joues,
et se lèvent quand tu as **sommeil**.

Le savais-tu ?

Les animaux qui dorment durant la journée et s'activent la nuit sont **nocturnes**. Les chauves-souris, les hiboux et les ratons laveurs sont également nocturnes. Parfois, il se peut qu'une maman opossum sorte pour chercher à manger pendant la journée.

Paroles d'opossum

Et toi ? Est-ce que tu es nocturne ? Et tes parents ?

Nourrir ses petits est la **mission** de maman.
Leur ventre elle doit bien remplir,
pour satisfaire à leur grand appétit,
et qu'ils puissent bien **jouer** et grandir.

Le savais-tu ?

Les mamans opossums portent leurs bébés partout avec elles jusqu'à ce qu'elles n'aient plus besoin de les allaiter, généralement autour de l'âge de trois ou quatre mois.

Les opossums ne mangent pas au restaurant,
d'ordures ils sont très friands !
Les **déchets** de notre table deviennent **un délice**
pour ces animaux de ménage gourmands.

Le savais-tu ?

Les opossums ne sont pas difficiles. Ils sont
omnivores, ce qui signifie qu'ils mangent des
matières végétales et animales. Ils savourent
les fruits trop mûrs et les baies. Les tiques,
les insectes, les vers de terre, les souris, les
serpents et les restes d'animaux morts sont pour
eux un vrai festin. La nature ne gaspille rien.

Paroles d'opossum

Et toi ? Es-tu difficile ?

Les opossums ont mauvaise réputation :
certains croient qu'ils nous rendent malades.
En réalité, ils protègent notre santé,
car les tiques par milliers font leur régalade.

tique

Le savais-tu ?

Les **tiques** sont des arachnides, comme les araignées. Elles se nourrissent du sang des animaux et des êtres humains. Les tiques dures Ixodes sont porteuses de la maladie de Lyme, une maladie très grave. Un opossum mange jusqu'à 5 000 tiques par an, ce qui réduit la population pouvant répandre la maladie.

Les petits opossums se bagarrent, se mordillent, **se salissent** dans la boue en jouant.
Pendant la sieste Maman s'occupe de faire leur toilette, ainsi ils sont tout **propres** en se réveillant.

Le savais-tu ?

Les opossums ont une bonne **mémoire olfactive** (la mémoire des odeurs) ce qui leur permet de se rappeler des bons endroits où dormir et des bons chemins où trouver à manger. Quand ils découvrent un objet dont ils apprécient l'odeur, ils se frottent la tête dessus.

Paroles d'opossum

Et toi ? As-tu une bonne mémoire olfactive ? Quelles odeurs te rassurent ?

Les opossums peuvent parfois **effrayer**,
avec leur mâchoire pleine de dents pointues.
En réalité, ils ont si **peur** de TOI,
qu'au lieu de s'enfuir, ils se figent comme une statue.

Le savais-tu ?

Les opossums ne sont pas agressifs. Ils se défendent en montrant leurs dents et en bavant, mais ils mordent rarement. Quand ils se sentent coincés, ils peuvent s'évanouir de frayeur pour décourager d'éventuels prédateurs.

Les opossums « font le **mort** » si nécessaire
lorsqu'ils croisent un inconnu qui fait peur.
Ils ont plus de chance de **survivre**
en tombant, comme frappés de stupeur.

Le savais-tu ?

Les opossums s'évanouissent par instinct quand ils
sont trop apeurés. Cette réaction augmente leurs
chances de survie en donnant l'impression aux
prédateurs qu'ils sont morts et ne feraient pas un
bon repas. Pour compléter cette impression, le cœur
et la respiration ralentissent. Ils bavent et dégagent
une mauvaise odeur.

Paroles d'opossum

Quand tu as peur, comment réagis-tu ?

Effrayé, l'opossum **s'arrête** net,
figé, sans pouvoir se sauver.
Il **repart** une fois en sécurité
après que le danger est passé.

Le savais-tu ?

Lorsqu'ils ont peur, les opossums se figent sur place, refusant de bouger tant qu'ils se sentent en danger. Tu peux les aider en les laissant tranquilles et en rentrant tes chiens dans la maison pour que les opossums puissent s'enfuir en paix.

Paroles d'opossum

Pendant combien de temps peux-tu rester figé sans bouger... même pas le moindre poil ?

Blottis au fond de la poche de Maman,
les bébés se font plein de câlins.
Les routes peuvent être dangereuses.
Pour traverser, il faut être malin !

Tu peux aider

Si jamais tu trouves un opossum blessé, demande
de l'aide à un adulte. N'oublie pas qu'une femelle
pourrait avoir dans sa poche des bébés qui auront
besoin de soins spéciaux pour survivre.

Tu peux également aider en racontant à tes amis
tout ce que tu viens d'apprendre d'extraordinaire sur
les opossums et pourquoi on devrait les protéger.

Lorsqu'ils voient quelque chose d'effrayant,
de **cracher** les opossums ont l'air.
Les inconnus craignent des morsures,
mais c'est un **bisou** que maman espère.

Le savais-tu ?

C'est vrai que les opossums ont l'air de cracher
lorsqu'ils se sentent en danger. En réalité, le son
qu'ils produisent ressemble plus à un grognement.
Les bébés gazouillent et les mamans font des
claquements pour communiquer avec eux.

Les chiens et les chats peuvent vivre **chez nous**
et être nos meilleurs amis.
Les opossums sont mignons, mais attention,
dans la **forêt** se trouve leur abri.

Le savais-tu ?

Ceux qui s'occupent de soigner les opossums
malades ou blessés ont une formation spéciale.
Ils ont pour but de rétablir la santé des animaux
et de les relâcher dans leur habitat naturel.

Le savais-tu ?

L'opossum de Virginie est la seule espèce de marsupial indigène des États-Unis et du Canada. Plusieurs autres espèces vivent au Mexique, en Amérique du Sud, et en Australie aussi.

Les opossums ne sont pas sensibles au venin de la plupart des serpents. Ils mangent les serpents et aident à contrôler leur population.

Les possums et les opossums sont classés comme des marsupiaux tous les deux, mais ce n'est pas la même espèce. Les possums vivent en Australie et en Indonésie. Dans la vie quotidienne en Amérique du Nord, les mots possum et opossum sont souvent mélangés.

possum

Les opossums mâles s'appellent en anglais des « jacks » et les femelles des « jills ».

Les opossums femelles ont 13 mamelles dont 12 sont placées en cercle et la treizième est au centre. Les mamans peuvent avoir jusqu'à trois portées de bébés par an. Ça fait beaucoup de bébés !

Informations supplémentaires

Grâce à leur température corporelle, les opossums sont quasiment immunisés contre la rage, une maladie grave et transmissible par les morsures d'animaux.

Les opossums vivent au Québec et dans deux régions de France : la Martinique (aux Antilles) et la Guyane (en Amérique du sud). En français, on donne différents noms à l'opossum, en fonction des régions et des pays. Voici quelques noms régionaux :
Au **Québec**, on dit un opossum ou bien parfois on l'appelle une sarigue de Virginie.
Sur l'île de la **Martinique**, on l'appelle un manicou.
En **Guyane**, on l'appelle un pian.

Pour obtenir plus d'informations sur les opossums ou en cas d'urgence, va sur le site de The National Opossum Society :
www.opossum.org

À propos de l'auteure

Tout en passant ses journées à courir après deux enfants et deux chats, Gina Gallois pense constamment à l'écriture de ses prochains livres. Elle écoute souvent un livre audio, une tasse d'Earl Grey à la main. Avant d'écrire des livres pour les enfants, Gina Gallois enseignait la langue et la littérature française à l'université d'Emory. Son expérience en tant que professeure lui permet de proposer ses livres en anglais et en français. Gina Gallois vit à Atlanta (États-Unis), avec son mari et leurs deux enfants. Ensemble, ils saisissent chaque occasion de voyager et d'explorer de nouveaux horizons.

Découvrez tous les livres chez Moonflower Press

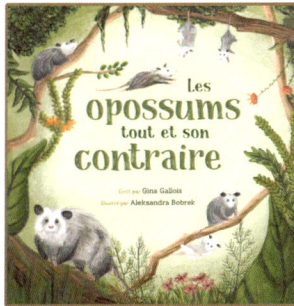

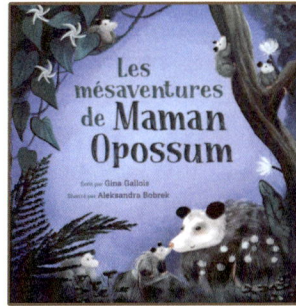

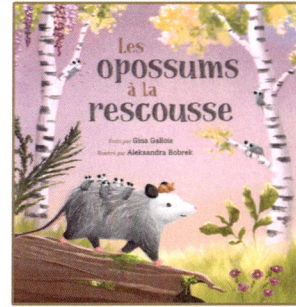

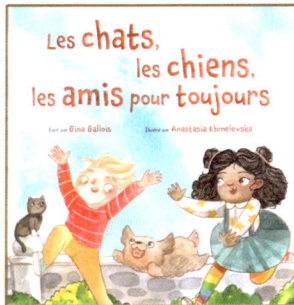

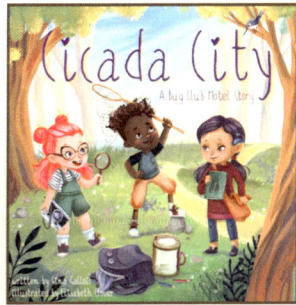

Les opossums tout et son contraire
Écrit par Gina Gallois
Illustré par Aleksandra Bobrek

Les mésaventures de Maman Opossum
Écrit par Gina Gallois
Illustré par Aleksandra Bobrek

Les opossums à la rescousse
Écrit par Gina Gallois
Illustré par Aleksandra Bobrek

Les chats, les chiens, les amis pour toujours
Écrit par Gina Gallois
Illustré par Anastasia Khmelevska

Cicada City
A bug Club Nobel Story
written by Gina Gallois
illustrated by Elizabeth Oese

Tous les livres chez Moonflower Press sont disponibles en anglais et en français.

Les opossums : tout et son contraire existe également en espagnol.